AF233299

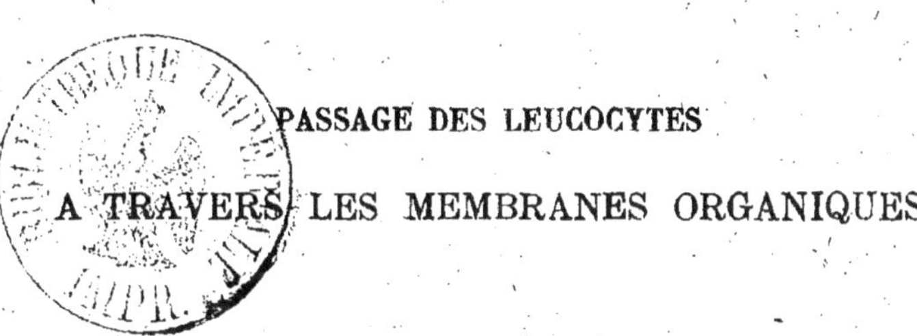

PASSAGE DES LEUCOCYTES

A TRAVERS LES MEMBRANES ORGANIQUES

PASSAGE DES LEUCOCYTES

A TRAVERS

LES MEMBRANES ORGANIQUES

PAR

L. LORTET,

Docteur en médecine et ès-sciences
Membre de la Société des sciences médicales
de Lyon.

LYON

IMPRIMERIE D'AIMÉ VINGTRINIER

Rue de la Belle-Cordière, 14

—

1868

PASSAGE DES LEUCOCYTES

A TRAVERS LES MEMBRANES

ORGANIQUES

Aujourd'hui deux théories sont en présence pour expliquer la genèse des éléments anatomiques : l'une établit comme base essentielle que toujours la cellule naît directement de la cellule ; l'autre, au contraire, admet que des éléments anatomiques figurés peuvent naître spontanément dans des blastèmes amorphes, à l'aide et aux dépens de ces derniers. S'il était une fois bien démontré qu'un organite aussi caractéristique que le leucocyte, par exemple, peut naître spontanément au sein d'un liquide placé dans certaines conditions particulières, ce serait évidemment une position bien forte conquise par les défenseurs de la théorie des blastèmes générateurs. Aussi est-ce ce point spécial, déjà étudié par plusieurs physiologistes, qui fait l'objet de cette note.

En 1867, M. Onimus publiait dans le *Journal d'anatomie*

et de physiologie de **M.** le professeur Robin, un mémoire intitulé : « *Expériences sur la genèse des leucocytes.* » L'auteur affirme que, dans certains blastèmes, entièrement dépourvus d'éléments figurés, renfermés dans des vessies faites de membranes organiques et placées dans l'intérieur de plaies pratiquées à des animaux, après un court laps de temps, il naît spontanément des leucocytes bien conformés et en grand nombre. **M.** Onimus introduit sous la peau de lapins, de petits sacs formés par de la sérosité de vésicatoires récents, renfermés dans de la baudruche. Douze heures après, on trouve la sérosité encore transparente, quoiqu'elle ait perdu sa couleur citrine primitive ; on y remarque déjà quelques leucocytes et des granulations. Au bout de vingt-quatre heures la sérosité contient beaucoup de granulations et des leucocytes ; au bout de trente-six heures, elle est toute blanche et composée uniquement de leucocytes et de granulations.

D'une autre part, **M.** Onimus prétend aussi que, pour que la genèse des leucocytes puisse avoir lieu, il faut que la fibrine ne soit point coagulée, car, suivant lui, il ne se forme ni leucocytes, ni aucune espèce d'éléments anatomiques dans de la sérosité de vésicatoire dont la fibrine a été précipitée par la coagulation. Nous verrons plus loin combien les résultats que nous avons constatés concordent peu avec cette manière de voir.

De ces expériences, **M.** Onimus conclut à la nativité par génération spontanée des leucocytes dans ces blastèmes fi-

brineux mis dans des conditions particulières de température et d'endosmose.

Ces recherches étaient trop importantes pour passer ina-
perçues ; mais déjà, les travaux de M. Conheim, de Berlin,
sur l'inflammation, pouvaient faire prévoir que M. Onimus
s'était trompé, non sur les faits mais sur l'explication qu'il
en donne. D'après les expériences de M. Conheim, dans
certaines inflammations, les leucocytes ne sont pas toujours le résultat de la prolifération des noyaux du tissu
conjonctif ; ces leucocytes ne sont autres que ceux du sang
qui passent à travers les parois des capillaires. Ce phénomène est facile à constater sur une grenouille empoisonnée
par le curare. On examine au microscope le mésentère ir-
rité simplement par le contact de l'air ; on voit alors les
leucocytes sortir lentement des vaisseaux qui les contiennent. Ainsi, dans un tissu enflammé, les parois vasculaires
deviennent aptes à laisser passer ces organites, ce qui
n'arrive point à l'état physiologique. Les leucocytes s'al-
longent, s'étirent, s'infléchissent, changent de forme à
chaque instant comme de véritables amybes qu'ils parais-
sent être, et finissent, grâce à ce mouvement, par pénétrer dans la trame des tissus. Pour que ce phénomène puisse
s'accomplir, il faut que ces organites soient vivants, comme
nous le verrons dans un instant, ou plutôt qu'ils se trouvent dans certaines conditions de vie, de température et
de milieu.

D'une autre part, les résultats des expériences signalées

par M. Chauveau, dans ses recherches sur le mode de pénétration des corpuscules virulentes dans l'organisme, résultats démontrant que les leucocytes s'introduisent par myriades dans les membranes qui plongent dans un milieu chargé de leucocytes, pouvaient faire douter de la théorie de M. Onimus. L'importance capitale de ce fait, affirmé par ce physiologiste, savoir, la genèse spontanée, dans certains blastèmes, d'organites aussi supérieurs que les leucocytes, méritait bien une étude des plus attentives. Aussi, malgré la netteté des résultats différentiels signalés par cet auteur, suivant la nature du blastème introduit dans les poches, avons-nous cru devoir reprendre ces expériences en nous plaçant dans des conditions à l'abri de toute objection.

Nous avons surtout agi avec des blastèmes qui permettent d'affirmer qu'on a un liquide non fibrineux et primitivement entièrement privé de leucocytes. Les animaux sur lesquels on a établi les plaies mises en expériences étaient toujours des chevaux et des ânes. Les ampoules destinées à contenir les blastèmes étaient ou des poches en baudruche, ou, et surtout, des vessies natatoires de tanches ou de perches, membranes qui sont presque entièrement fibreuses, et dont les parois ne contiennent aucuns noyaux ou cellules qui puissent être confondus avec les leucocytes. Les liquides que nous avons mis dans les vessies organiques étaient :

1° De l'albumine d'œuf pure, laquelle ne contient que

quelques tractus filamenteux et quelques cellules vitellines
détachées du jaune ;

2º Du liquide céphalo-rachidien, recueilli récemment sur
le cheval. Ce liquide, examiné attentivement au microscope, ne montre que quelques rares granulations. Par les
réactifs chimiques, on y trouve fort peu d'albumine ;

3º Des solutions de substances non azotées, telles que de
la gomme et du sucre. Ces solutions sont soigneusement
examinées, et n'offrent rien qui puisse être pris pour des
leucocytes ;

4º De l'eau distillée ;

5º Des vessies insufflées avec de l'air atmosphérique seulement ont été aussi introduites dans les plaies.

Les poches remplies de ces différents liquides étaient
placées dans l'intérieur de plaies récentes, faites sur le
flanc de chevaux ou d'ânes, et laissées ordinairement vingt-
quatre heures en place. Les vessies remplies d'albumine
contenaient, après douze heures, un très-grand nombre de
leucocytes. Après vingt-quatre heures le liquide était entièrement purulent. Les leucocytes étaient extrêmement
nombreux, grands et bien conservés.

Avec le liquide céphalo-rachidien, même résultat. Purulence complète après vingt-quatre heures. Beaucoup de granulations. Ce liquide paraît conserver admirablement les leucocytes, lesquels offrent, au plus haut degré, tous leurs caractères typiques.

Avec les solutions de gomme arabique et de sucre, purulence complète après vingt-quatre heures. Les leucocytes sont aussi en bon état, mais agglutinés entre eux en larges plaques.

Avec l'eau distillée, même résultat. Le liquide est devenu albumineux par endosmose. Les leucocytes sont gros et gonflés, et leurs noyaux sont très-visibles. Granulations très-nombreuses.

Enfin, lorsque les vessies ne sont gonflées que par de l'air atmosphérique, les leucocytes pénètrent aussi dans leur intérieur. Il faut cependant prendre garde que la pression interne ne soit trop forte, sans cela, le phénomène de pénétration s'effectue plus difficilement. Ces ampoules à air ne se remplissent point entièrement, mais offrent seulement plusieurs gouttelettes de pus dans leur cavité ; toutefois, leurs parois membraneuses sont en quelque sorte farcies de leucocytes.

Les vessies natatoires de poissons sont surtout favorables pour constater ce dernier fait. Elles sont presque entièrement fibreuses, et ces fibres qui les composent sont extrêmement translucides. Eh bien ! après un séjour de douze heures seulement dans une plaie sanguinolente, on voit sur ces vessies de larges plaques, de grandes zones blanchâtres, d'un blanc de lait, véritablement de couleur purulente. Au microscope, on aperçoit sans la moindre difficulté de longues traînées de leucocytes pressés les uns contre les autres, et qui se sont fait jour comme par violence entre les fibres du tissu.

Lorsque la plaie est tout à fait récente et très-sanguinolente, les ampoules contiennent, avec les leucocytes, de l'hématine en assez grande quantité pour colorer quelquefois en rose vif le liquide contenu. Cette hématine doit provenir de la destruction des globules rouges de la plaie. Mais jamais nous n'avons vu une seule hématie rouge dans l'intérieur des vessies.

La pression exercée par les lèvres de la plaie sur le liquide dans lequel baigne l'ampoule n'a évidemment aucune influence sur la pénétration des leucocytes. Il est facile de mettre les vessies à l'abri de cette compression en les enfermant dans des tubes de verre ouverts aux deux bouts. Malgré cette précaution, les leucocytes ne s'introduisent pas moins en grand nombre dans la cavité ampullaire.

Il est évident que les pressions exercées sur le pus de la plaie n'entrent pour rien dans la production de ce phénomène de pénétration. Une vessie natatoire de poisson est retournée de façon que la face interne devienne externe ; on la remplit de pus, et on l'attache solidement à l'une des

extrémités d'un tube en *U*, dans la grande branche duquel
on verse lentement du mercure. Au moyen de cet appareil,
on peut constater que, même sous une pression de 19 cen-
timètres de mercure exercée pendant vingt-quatre heures
de suite, il ne sort à travers la poche membraneuse pas un
seul leucocyte. Avec des pressions plus élevées, les vessies
se rompent, mais les globules purulents ne passent point.

Pour que la pénétration puisse avoir lieu, il faut évidemment que les leucocytes se trouvent dans certaines conditions de température et de vie. Ainsi, lorsque les ampoules
plongent dans une plaie ancienne qui ne contient plus que
du pus crémeux, du pus vieux et probablement altéré, on
trouve très-peu de leucocytes à leur intérieur, quoiqu'on
en voie cependant toujours un petit nombre. Dans ce cas,
les phénomènes d'endosmose s'exécutent cependant égale-
ment bien, puisque l'eau distillée, placée dans de pareilles
conditions, devient fortement albumineuse. Ceci est une
circonstance extrêmement importante à noter, c'est que,
plus la plaie est récente, plus la pénétration est rapide, et
plus les leucocytes sont nombreux dans l'ampoule.

D'après une communication faite à la Société de biologie,
le docteur Ranvier a vu des leucocytes pénétrer en grand
nombre, non-seulement dans les méats intercellulaires,
mais encore dans l'intérieur des cellules d'un morceau de
moelle de sureau plongé dans une plaie sanguinolente. La
pénétration se fait toujours de la circonférence au centre,
quoique toutes les cellules se remplissent immédiatement

du blastème ambiant; s'il y avait genèse et non pénétration, les leucocytes se formeraient aussi bien au centre qu'à la circonférence.

Nous ne saurions trop attirer l'attention sur l'importance de ces faits, non-seulement au point de vue de la formation du pus, mais encore pour l'explication du mode de pénétration des corpuscules infectieux dans les maladies contagieuses et virulentes.

Des expériences précédentes nous pourrons donc tirer les conclusions suivantes :

1° Dans un blastème amorphe renfermé dans une poche perméable, et placé dans des conditions d'endosmose et de température déterminées, puis introduit dans un milieu sanguin ou purulent, il n'y a pas génération spontanée de leucocytes, mais ces organites passent entre les fibres des membranes, grâce probablement à la facilité avec laquelle ils peuvent changer de forme ;

2° La pression n'a pas d'influence sur cette pénétration ;

3° La nature du liquide contenu dans les ampoules est tout à fait indifférente ;

4° Il faut, pour que les leucocytes puissent pénétrer les

membranes, qu'ils soient encore placés dans certaines conditions de température et de vie ;

5° Les leucocytes contenus dans une plaie récente et
sanguinolente pénètrent bien plus rapidement et en bien
plus grand nombre que ceux d'une plaie purulente ancienne.